U0010917

生活技能706

開始
窈窕吃涼拌

文字⊙田次枝 攝影⊙黃時毓

So Easy

一切就要開始發生……

開始玩居家 　　　　　盆栽

開始 　　　在家煮咖啡

開始旅行 　　　　說英文

開始隨身帶 　　　數位相機…

延伸生活的樂趣，
來自我們開始的探索與學習，
畢竟生活大師不是天生的，只是很喜歡嘗新罷了。
這是一系列結合自己動手與品味概念的生活技能書，
完全從讀者的實用角度出發，
希望以一目了然、輕鬆閱讀的圖像編輯方式，
讓你有信心成為真正懂得生活的人，
跟著Step by step，生活技能So Easy！

吃涼拌眞的
很健康

涼拌菜簡單易做，
沒有油煙、沒有熱汗淋漓，
可以減肥、養顏美容。
除了當前菜、小菜，
涼拌也能登大雅之堂。
山珍海味不用費工的烹調方式，
只要燙燙切切拌拌，
淋上特製調味料，就是一桌好菜！

全書分成「主菜拌拌」、「小菜拌拌」、「點心拌拌」、
「養生拌拌」及「另類拌拌」五大類，
冰箱的材料搭配架上的調味料，
就能變出好吃涼拌菜。
還有涼拌密技「刀工篇」、「汆燙篇」、「調味料篇」，
掌握秘訣就能做出好涼拌！

主編　張敏慧

編者群像

總編輯◎張芳玲

自太雅生活館出版社成立至今,一直擔任總編輯的職務。跨書籍與雜誌兩個領域,是個企畫與編輯實務的老將;這位熱愛生命、生活、工作的職場女性,曾經將豐富有趣的生命故事記錄在《今天不上班》、《女人卡位戰》兩本著作裡面。
(拍攝期間負責搞定鄧媽媽調皮的小孫女)

書系主編◎張敏慧

從第一份工作開始就一直從事編輯工作,範圍從電影、美食到房屋雜誌都玩過,現在在太雅生活館裡持續吃喝玩樂中。長久秉持君子遠庖廚的信念,卻在鄧媽媽的食譜拍攝期間,激起洗手做羹湯的衝動。原來,菜要做的好吃並不難嘛,只要一點點小技巧加上100%的用心就可以囉!

Photo/James Lin

企宣主編◎黃窈卿

從<ELLE>雜誌到太雅生活館,覺得工作最有趣的部分,就是能在紙上和現實中同時滿足自己的慾望。原本有難以控制的敗家傾向,來到太雅後注意力暫時得到良性的轉移,只是不知下一步是否會從瘋狂血拼變成瘋狂出遊。目前負責太雅生活館的「個人旅行」和「世界主題之旅」書系,以及企宣工作。

作者◎田次枝

1944年出生的愛美天秤座,最近熱中跳舞,可得九十五分以上高分的專業家庭主婦。味覺特佳,任何獨門配方別想逃過她的舌頭。對做菜多數時間(有時難免會有倦怠)保持高度學習興趣,深信做菜最重要的是用心,並樂於與人分享烹飪心得。著作:《鄧媽媽的私房菜》

攝影◎黃時毓

善於創造不同的影像空間,現為慧毓攝影有限公司負責人,並為出版社、餐飲業、服務等之特約攝影師。閒暇時喜歡下海,悠遊於陽光下,享受釣魚之樂,常可在海面上找到他的蹤影。

美術設計◎何月君

從事美術設計工作多年,接觸過的廠商案子與類型,只能用五花八門來形容,不過最愛的,還是書籍的設計,不僅能訓練耐性,每當書完成時,又有達陣般的成就感,就好像吃豪華大餐一樣,非常痛快。平時喜歡看電影、吃零食,三餐只吃麵食,不吃米飯。決定連著三本食譜書完成後,照鄧媽媽的做法大開吃戒一番。

感謝贊助

WEDGWOOD
鄧亦琳先生、鄧茵茵小姐
吳麗鑾女士、曾怡菁小姐
小乖、江孟娟

開始窈窕吃涼拌

Life Net 706

太雅生活館 編輯部
文　　字　　田次枝
攝　　影　　黃時毓
美術設計　　何月君

總 編 輯　　張芳玲
企宣主編　　黃窈卿
書系主編　　張敏慧
行政助理　　許麗華

TEL：(02)2773-0137　FAX：(02)2751-3589
E-MAIL：taiya@morning-star.com.tw
郵政信箱：台北市郵政53-1291號信箱
網頁：http://www.morning-star.com.tw

發 行 人　　洪榮勵
發 行 所　　太雅出版有限公司
　　　　　　台北市羅斯福路二段79號4樓之9
　　　　　　行政院新聞局局版台業字第五○○四號
分色製版　　知文印前系統公司 台中市工業區30路1號
　　　　　　TEL: (04)2359-5820
總 經 銷　　知己實業股份有限公司
　　　　　　台北分公司 台北市羅斯福路二段79號4樓之9
　　　　　　TEL: (02)2367-2044　FAX: (02)2363-5741
　　　　　　台中分公司 台中市工業區30路1號
　　　　　　TEL: (04)2359-5819　FAX: (04)2359-5493

郵政劃撥　　15387718
戶　　名　　太雅出版有限公司
初　　版　　西元2003年5月30日
定　　價　　250元（特價199元）
（本書如有破損或缺頁，請寄回本公司發行部更換，或撥讀者服務專線04-23595820#230）

ISBN　957-8576-66-8
Published by TAIYA publishing Co.,Ltd.
Printed in Taiwan

國家圖書館出版品預行編目資料

開始窈窕吃涼拌／田次枝文字；黃時毓攝影.
——初版. ——臺北市：太雅，2003〔民92〕
　　面：　公分. ——（生活技能；706）（Lift net；706）

ISBN 957-8576-66-8（平裝）

1.食譜

　　427.1　　　　　　　　　　92007763

目錄 CONTENTS

How to use

如何使用本書

全書將涼拌菜分為五大類，分別為「主菜拌拌」、「小菜拌拌」、「點心拌拌」、「養生拌拌」以及「另類拌拌」，並有好吃涼拌密技，教你怎麼切出好口感的「刀工篇」、把食材燙得軟硬適中的「汆燙篇」，以及引爆味蕾享受的「調味料篇」，輕鬆快速做出好吃涼拌菜！

全書2大部份

【第一部份】好吃涼拌密技

●涼拌密技❶食材處理篇：從食物該怎麼切、刀工上的技巧教學，到海鮮去膜、蔬果去硬皮，種種基本、卻很重要的處理方式，一一示範，為好吃涼拌菜打基礎。

●涼拌密技❷汆燙篇：涼拌菜幾乎不用炒、不用煮，除了洗乾淨切好，大部分食材只要燙一下就可以了。本單元從水位、下水時機、撈起時機到燙後處理功夫都教給你，讓涼拌菜吃來清脆鮮甜、軟硬適中！

●涼拌密技❸調味料篇：調味料是一道菜的靈魂，只要調味得宜，整道菜都會活起來。調味料分為醬膏、醬汁、調味油、調味粉等，說明各種調味料的適合用法與使用注意事項。

●涼拌密技❹容器篇：人要衣裝，好吃的涼拌菜也得要有適合的容器來搭配。淺盤、深盤、大缽、小缽、彩色、純白、陶器、磁盤，各有風情，盛裝出不一樣的涼拌心情。

●涼拌密技❺道具篇：做涼拌時的基本器具使用介紹，連湯匙、筷子都是料理美味的好幫手喔！

【第二部份】食譜示範

●小菜拌拌篇：高麗泡菜、涼粉黃瓜、香絲牛蒡、蘇梅苦瓜、泡菜茄子、洋菜三絲、涼拌白菜心、香辣劍筍、綠豆喬麥雙芽、干絲涼拌、香辣花生、芝麻菠菜、涼拌茼蒿、柴魚韭菜、金針花開時

●主菜拌拌篇：蕃茄汁拌蝦仁、嗆蟹、香蕈涼拌、花椰蟹條、涼拌雞絲海蜇皮、椒麻雞、怪味雞、酸辣冬粉、涼拌海鮮、五福臨門、海味章魚

●養生拌拌篇：三味豆腐、山蘇百合、甘脆山藥、清香木瓜

●點心拌拌篇：火腿手捲、水果優格、蜜瓜盅、甘脆蓮藕、鮪魚沙拉筍、蘆筍沙拉

●另類拌拌篇：香果拌大頭菜、綠茶蒟蒻、芥茉芹菜、醃糖蒜、涼拌綜合果菜

如何使用本書

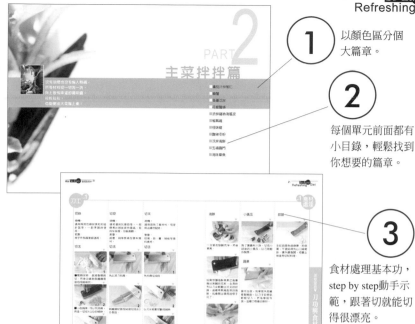

1 以顏色區分個大篇章。

2 每個單元前面都有小目錄，輕鬆找到你想要的篇章。

3 食材處理基本功，step by step動手示範，跟著切就能切得很漂亮。

4 篇章中適時補充Tips，成功訣竅不錯過。

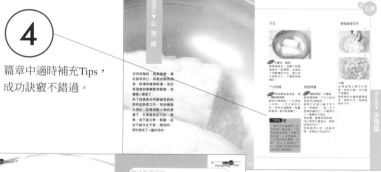

5 拌拌公式直接明瞭，準備好材料就能動手做。

6 製作示範，以文字輔助說明，不怕做錯步驟的必成食譜。

作者序

窈窕・健康・吃涼拌

涼拌菜，顧名思義就是夏天的最佳良伴。多數人在夏天胃口較差，更不想吃熱騰騰、油膩膩的食物！此時做盤涼拌菜正恰到好處，你可以運用巧思配合自己的口味，以各式各樣美妙的味覺與視覺變化，做出色香味俱全的菜餚。而本書介紹給各位的則是極簡單易作，不需花太多時間就能做出的實用生活小品菜餚。

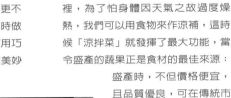

近年來，生機飲食的概念漸漸地受到國人重視，身為掌廚人的我也不斷地在找尋各種食材調配，希冀能夠在兼具美味與健康的前提下，做出最受歡迎的菜色；大家也知道健康的身體首重營養均衡，兒童、青壯年、老年等年齡層都有不同需求，但現在外食人口眾多，就算不在外用餐，直接購買熟食的人也所在多有，但許多人用餐時只考慮到個人的偏好，卻忽略了飲食中所含的各種營養素，以致於營養失調，滋生出各式各樣的文明怪病，長期殘害身體的健康卻不自覺。

台灣的夏季如此漫長，在炎炎夏日裡，為了怕身體因天氣之故過度燥熱，我們可以用食物來作涼補，這時候「涼拌菜」就發揮了最大功能，當令盛產的蔬果正是食材的最佳來源；盛產時，不但價格便宜，且品質優良，可在傳統市場、大賣場、超市隨時採購得到。為了怕農藥仍殘留在蔬果上，洗滌時請先泡水二十分鐘，再沖洗兩遍，但不宜泡太久，以免維生素流失，洗後瀝乾時用乾布或紙巾吸乾，也可用涼開水沖過，為免讓病毒侵入人體，料理時一定要養成良好的衛生習慣，這也是我們最要注意的重點之一。

涼拌菜，一向在宴席上頗受歡迎，因為大魚大肉吃膩了，配上幾碟小菜便覺清爽無比，生活的品質得靠自己去經營，健康的身體也有賴自己維護，與讀者共勉之。

田次枝

作者介紹／作者之女 鄧茵茵撰

燒菜如跳舞

描畫/小乖

母親近幾年來突然迷戀上跳舞，早上五點多摸黑起床，打扮妥貼之後就美美出門去也，本來只是社區媽媽土風舞，後來不知怎麼搞的舞興大發，也開始學起國際標準舞來。本就愛美的她，一直沒辦法接受我們那種流著汗、穿著醜陋服裝的激烈運動方式，原本為了保持身材才開始進行的舞蹈，卻成了她這幾年來的生活重心。

不但朋友變得越來越多，連打扮也炫麗時髦起來，有一回我跟她去逛街買衣服，專櫃小姐看我穿著土氣，還忍不住告誡：「哇，你媽媽穿得好炫喔，你要多多學習！」我盯著自己的平凡牛仔褲，再看看母親的亮片釘花金穗牛仔褲，不得不承認，專櫃小姐雖然大多數時間都在胡謅，這一時一刻講的話卻是實在的，娘的愛美是從外而內、從小到大都沒改變過，當女兒的只能盡力追趕，或是努力創造自我風格，想要企及卻是完全不可能。

也不只這一點：從小身為職業婦女孩子的我，便當菜色永遠比同學豐盛，用極速做成的晚餐沒一天隨便上菜過，我原不以為媽媽就應該這樣，直到去了別人家吃飯，才知道原來不是天下的媽媽都善烹飪，也不是所有媽媽都樂於操持家事，我家一直是母

親嚴格、當軍人的父親卻溺愛，不太符合什麼嚴父慈母法則，在媽媽的照料之下，家裡永遠一塵不染、美麗大方、規格整齊，要變出一桌子菜的那種魔術，如果問用味覺、記憶與創意拼貼成佳餚的母親，似乎一天一夜也講不完。我的朋友們對於能夠來家裡吃一頓母親燒的菜這件事，幾乎快超過來拜訪我的熱情，往往讓我惱怒卻無話可說，因為好的菜有一種讓人自覺幸福的能力。母親在烹飪這件事上不但有天分，也要求完美，好像跳舞一樣，既然要跳，就得水噹噹的，做菜也是，難吃或難看的菜，當然沒有端上桌的權利。

認真的確是看得到，也吃得到的吧！

好吃涼拌看這裡

什麼時候吃涼拌？

誰說涼拌是夏天的專利？雖然涼拌菜幾乎不過火，洗洗切切燙燙拌拌，就是吃它清脆原汁的口感，但別小看它，也能登大雅之堂呢！任何時候，涼拌菜都能搶佔舌頭的喜好，令人忍不住夾了一筷子又一筷子。那，到底什麼時候最適合做點涼拌來吃呢？

來點 下酒菜 吧！

小小的一盤，口味卻是很重的，跟朋友聊聊天，泡杯茶、小酌一番，氣氛輕鬆自在。

這時候適合……

嗆蟹：夏末秋初時花蟹正肥，醃製幾隻招待親友，適合小酌陳年紹興、花雕酒、黃酒之類。

香辣花生：百吃不厭，可多做些放在密封罐裡隨時取得。

涼拌海蜇皮：吃起來口感脆脆的，清爽無比。

椒麻雞：四川口味，辣辣麻麻，重口味的人會特別喜歡。

三味豆腐：是個老少咸宜的涼拌菜，不須咀嚼即可溶化。

涼拌白菜心：很爽口，會不自覺的多吃幾口。

來點 開胃菜 吧！

讓人食指大動的涼拌小菜，吃的愉快、但又不會油膩，吃了還想再吃，讓人更期待接下來的大餐了！有誰能比涼拌菜更適合擔任這樣的角色呢？

這時候適合……

醃糖蒜：可以使人增加免疫力的最佳健康食品。

泡菜：非常開胃，春天的時候家家戶戶都該製作一盤嚐嚐。

涼拌牛蒡：相當高纖維的一道食材，消化不良的人，多吃有益。

蓮藕：夏季裡身體容易燥熱，食後清爽無比。

涼拌三絲：顏色鮮艷，為餐桌增添色彩。

涼拌海鮮：夏日的饗宴，讓味覺的觸角伸入熱情的南洋。

好吃涼拌看這裡

來點減肥菜吧！

低熱量蔬果洗洗切切，不過油也不負擔，酸酸甜甜的滋味，吃了讓人心情好、口欲滿足，就可以美美地瘦下來囉！

這時候適合……

百香果拌大頭菜：酸甜的滋味，有如吃水果般的感覺，多吃也令人放心。

涼拌芹菜：低能量高纖維，翠綠清爽，價格便宜。

豆芽菜：蕎麥芽＋黃椒＋紅色辣椒，美麗的色彩吸引人去嘗試。

苦瓜：夏日的蔬果，降火氣又養顏美容，搭配紫蘇梅甘甘甜甜。

涼粉黃瓜：家常菜裡最常出現的一道涼拌菜，百吃不厭。

涼拌果菜：具有清毒功能喔！高纖維能利便，是減肥的最佳良伴。

來點養生菜吧！

涼拌本身少烹調，保持食物原有營養，也較不油膩，就有食補效果。搭配許多具有顯著療效的食材，一邊吃著、一邊也覺得身體更健康了呢！

這時候適合……

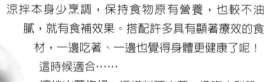

涼拌山藥枸杞：這樣料理山藥，像吃水梨般的可口，具有涼補的功效。

花椰菜蟹條：營養學家及醫學家發現，花椰菜能抑制癌症。

山蘇百合：美麗的組合，養顏美容一舉數得。

香薑涼拌：各種薑類，讓營養的吸收更多更容易。

五福臨門：顏色鮮艷、各種營養素都在裡面，均衡又健康。

綠茶蒟蒻：綠茶芳香、蒟蒻沒有膽固醇，多吃不會長胖。

來收拾菜尾吧！

打開冰箱，看看裡面有什麼呢？蘋果、高麗菜、青椒、洋蔥、奇異果、豆芽、香菇、火腿片、菜心……這邊剩一點、那邊有一塊，全部洗洗切切拌一拌吧！加點橄欖油、加點胡椒蒜泥香油，甚至放點優格玉米粒，好吃的魔法 涼拌菜就完成囉！

健康吃涼拌的注意事項

1. 東西要洗淨，尤其是菜葉間隙縫，以及刀、砧板、容器等，因為是生食的關係，不會有加熱殺菌的手續，所以東西一定要洗乾淨。
2. 吃涼拌時的醬料，多半會加上薑、蔥、蒜、辣椒、醋等等，除了是要增添風味之外，事實上還具有殺菌的效果。
3. 涼拌應該是現做現吃，除了可以保持口感爽脆，也能讓食物新鮮、不會出水、更不會滋生細菌。
4. 除了有些蔬菜要先燙過之外，如果有肉類要拌在其中，一定要煮熟透。

好吃涼拌看這裡

拌拌密技

做涼拌很簡單，材料也隨心所欲，
材料要切得好、燙也要燙得巧，
拌上特調醬汁、放在美美的盤子上，
這才算是完成了一道好吃的涼拌菜。
吃涼拌可以減肥可以養顏，還可以收菜尾，
趕快再來一盤吧！

涼拌密技1、2▼刀功與食材處理篇

涼拌，除了挑選新鮮的食材之外，怎麼切，也是一門學問。要大小適口、吃起來爽脆，就關乎蔬果肌理怎麼適時切斷、該去除的筋與皮，一定不能馬乎。只要掌握訣竅，一把刀就能全部搞定！

技巧 **1** 刀工

圓片

時機：
通常是為了配合整道菜的美觀做的一點巧思，增加視覺變化。不過切得薄一點，能更快入味，口感也會顯得更滑潤。

對象：
適合切像小黃瓜這類成圓棍狀的食材，只要按著剖面切薄片，就切出圓片來。

切法

直接從橫切面切成薄薄的片狀。

小丁

時機：
適合與豆類或細小食材一起烹調時的切法，同等的大小可以讓口感一致，視覺上也有繽紛效果。

對象：
根莖類的蔬果。

切法

1
直剖對切。

2
再切成約2公分長條狀，整齊疊好。

3
轉90度切成2公分的小丁即可。

滾刀切塊

時機：
通常會切成適口大小，一方面較紮實耐煮，一方面也比較能呈現出食物的原味原貌。

對象：
大芹菜、小黃瓜等根莖類蔬果。

切法

1
切成條狀後，右手拿刀，左手拿食材，以與纖維紋路成45度的方式切成適口大小。

2
切完一刀，只滾動你的左手轉90度再切第二刀，再轉90度繼續切，用規則的圓筒切成不規則的圖樣。

刀工 稱技 1

切絲

時機：
通常與其他條狀食材如金針菇等，一起烹調時使用。

對象：
幾乎所有蔬果都適用。

切法

■整顆菜時：可以整顆對切，然後沿著剖面繼續直接切成細條狀。

■小型蔬果：可以先拍扁，再逐一切成1公分的細絲。

■條狀蔬果：先切成5公分的長條，再以刀尖輕劃切斷成細絲。

切段

時機：
通常適用於蔥蒜等，一起燉煮比較能保持香氣，若用於排盤，也較美觀。

對象：
如蔥、蒜等長條型香料食材。

切法

1 先以菜刀拍扁。

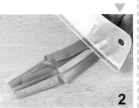

2 與纖維紋路成90度切成5公分長段。

切末

時機：
通常是為了當拌料、或是與沾醬搭配時。

對象：
如蔥、蒜、薑、辣椒等香料食材。

切法

1 先拍扁切成段。

2 以刀尖輕劃切斷成細絲

3 剁得細細的就叫「末」。

海鮮

一定要去黏膜洗淨，然後煮熟。

如果想讓海鮮煮熟之後會捲出美麗的花紋，汆燙前先以刀尖輕劃出交叉的紋路，這樣煮熟捲起來的海鮮，就會開出漂亮的格子花了。

蝦子先以牙籤挑出背上的泥條。

小黃瓜

為了讓醬料入味，切成小段後的小黃瓜，以刀背輕拍裂開。

蔬果

要先去皮，如果是外皮纖維較粗的，以刀子從根部輕輕切入，然後撕起外皮，這樣口感會比較好。

蒜頭

多吃蒜頭有益健康、防感冒，不過記得先以刀背輕拍，讓外膜裂開，把膜去掉後再切碎料理。

涼拌密技 ▼ 刀功與食材處理篇

涼拌密技2▼汆燙篇

涼拌的秘訣，就是新鮮。要吃起來爽口，該脆的要夠清脆，該滑的要夠軟滑；至於味道要甜要鹹要辣要酸，就看個人喜愛了。

除了挑選食材時要留意新鮮度與成熟度之外，有些需要汆燙的，就是考驗火候的掌握了。汆燙是有技巧的，要熟，但不能太熟；要脆，但也不能半生不熟，燙得好，等於做成了一盤好涼拌。

水位

POINT! 水要多、要滾
要高過食材，這樣才能整個食材一起燙熟，也省卻不停翻攪的功夫，燙出來才漂亮可口，不會散散糊糊的。

下水時機

POINT! 先有無色後有色、先無味後有味
得完全煮開後，才依序放入材料。一次不能放太多，否則水溫驟降，等重新煮沸，食材就煮爛了。

TIPS ✱

一鍋水可以重複燙，但是記得一個口訣：「先有無色後有色、先無味後有味。」深色蔬菜一定比淺色蔬菜慢燙，魚肉一定又比蔬果後下水，這樣才能保持各種材料的色澤與風味。

撈起時機

POINT! 熟就撈起，不變老
蔬菜類易軟，下水大約10秒就可以撈起來。
葉梗子永遠比葉子早下水、晚撈起。（晚，也只是幾秒鐘而已，不要燙太久，脆脆的才好吃。）
馬鈴薯、蘿蔔等根莖類，可以用筷子戳進去，軟軟的就表示好了。
肉類要燙久些，試著切開，沒有血水流出即可。

燙後處理功夫

冰鎮
汆燙後馬上用涼水泡著，保持甘脆，也比較不易變色。
有些食材冰鎮後要撈起來，瀝乾水份，用吸紙吸乾水份。

涼拌密技▼ 汆燙篇

涼拌密技3▼ 調味料篇

一道好菜少了鹽巴就不行，令人食不知味。好的調味可以提昇整道菜的味覺、嗅覺，甚至是視覺。雖說口味個人不同，但是如果能有技巧地運用手上的瓶瓶罐罐，讓簡單的菜色幻化成山珍海味，也算達到食的藝術境界囉！

醬汁

調味料 3

鮮味露
用法
燒豆腐、做麵食、炒菜等
注意
拌的時候一起灑進去

魚露←
用法
炒青菜、蒸蛋、豆腐
注意
灑幾滴即可

柴魚醬油
用法
日式料理、涼拌
注意
建議當沾醬比較有味道

香菇柴魚醬油
用法
涼拌做菜時
注意
當沾醬的醬汁底

蠔油
用法
炒菜、涼拌、紅燒，
用途很廣
注意
適合食材單純時使
用，才能顯出蠔油的
鮮美

果醋↑
用法
涼拌
注意
甜味較重，適合海
鮮或水果類

白醋→
用法
涼拌、燒魚
注意
只要灑幾滴就夠了

涼拌密技▼ 調味料篇

調味料 3 調味油、調味粉

橄欖油 ←
用法
涼拌或者菜燒好時，
點個幾滴
注意
大概5、6滴，不然會過膩

胡麻油 ↓
用法
炒菜或者燉補品時，
涼拌也適宜
注意
提味用，不宜多

紹興酒 ↗
用法
醃製肉品、螃蟹、燒魚、
東坡肉神的屬性配料
注意
用於醃肉時只要拌點進去
醃就行

香油 ←
用法
用途很多，醃、炒、
拌、淋在菜餚上
注意
上桌前灑個幾滴

芝麻海苔鬆 ↑
用法
涼拌菜或者豆腐煲裡都
可以
注意
食用前灑，海苔才會酥
酥香香的

白胡椒粉 ↑
用法
湯或煮麵食類，
包餡時都須要它
注意
要拌勻，否則遇潮結塊，
一口吃到會很嗆

紫蘇梅 ↑
用法
涼拌、燒魚、肉都適合
注意
酸酸甜甜，
可以增加口味層次

醬膏 調味料

本書度量標準

一碗水
一般飯碗八分滿

一湯匙
中型湯匙，一平匙

一茶匙
小茶匙，一平匙

芝麻醬 ←
用法
做涼拌、拌麵
注意
請與少許涼開水攪拌

辣豆瓣醬 ╱
用法
炒菜、燒豆腐、做川菜料
理、紅燒牛肉時用得最多
注意
加太多會變得很鹹

蕃茄醬 ╲
用法
涼拌、沾食用
注意
當沾醬時可以加開水
比較好沾

果糖 ↑
用法
直接與其他調味料混和
注意
只要放一些提味即可

味精 ╱
用法
炒蔬菜、做湯時
注意
最多放一茶匙，較能保持
食材原本鮮味

涼拌密技▼ 調味料與計量篇

人要衣裝，一盤好涼拌，當然也需要好的容器來盛裝。涼拌，可以是簡單的，乾乾淨淨的小盤子小碟子，放點好吃的涼拌，有點辦家家酒的味道，與好友暢快聊天。涼拌，也可以是豪華的，豐富的食材與色澤，令人驚艷，盛裝在大器隆重的盤子裡，儼然也能獨當一面，成為餐桌上的主角。今天，想要什麼樣的盤子來盛裝你的涼拌心情呢？

淺盤Dish

平平的、扁扁的,彷彿道盡無限可能的延伸,什麼都可以放上去。造型簡單,身上的花樣卻不簡單,可以是白淨無暇,也可以畫上所有美麗的色彩,甚至開一座小花園,也都令人喜愛。

方陶盤 →

有個性不做作,事實上卻是相當貼心的陶器性格,打破一桌子圓溜溜的格局,搶盡桌上風采!

彩色盤 ↑

純粹的綠、純粹的橘,加點色框,不管是辦家家酒、還是愉快的party,都很適合!

白色盤 ←

整齊劃一、由大到小一個疊著一個,不論裝什麼食物,都能扮演適合的腳色,不搶鋒頭卻更能托出食物的美味來。

陶盤 →

古意的味道,讓人想心平靜氣地坐下來,好好享受一段美好的用餐時光。

涼拌密技▼ **容器篇**

容器 篇狀 4

深盤Plate

微微地彎起來的邊緣，像是戀人的溫柔纏綿，看似說著放手去飛吧，卻悄悄地勾起小指頭，攀住了想飛的心。盤子裡的食物，儘管在盤沿滴溜溜地轉，卻始終不會脫離盤心掉出去。

陶盤 ←
厚實的陶土，溫柔地捧著美食在手心，柔和的色澤，讓人邊吃著心也跟著溫暖起來。

白磁盤 ↑
簡單乾淨，適合盛裝也同樣收斂的菜色，素雅乾淨，營造出內斂的優雅氣氛。

彩色磁盤 →
特別的圖騰，對比的色彩，非得放進同樣精采的涼拌菜，相互爭妍，令人也想趕快參一腳！

4 容器

缽Bowl

圓圓的，有大有小，深深的碗底，好像什麼都裝得下，不管是湯汁、醬汁，或是一大堆好吃的食物，都可以盡情地放進去，絕對沒問題！

透明小缽→
放些小乾果、花生米，玻璃的小缽讓涼拌顯得更清涼了！讓人忍不住想把色彩鮮豔的甜椒、酸酸辣辣的蕃茄蝦仁、甜甜香香的水果優格，放進去當裝飾品！

大缽↓
大鍋菜就一起拌著和著，把所有好吃的東西都放進去也沒問題，放在美麗的大缽裡，攪拌均勻時也就是整道菜完成的一刻，開動囉！

大、小碗←
裝菜、裝飯、裝調味醬，都很好用。可以用來攪拌，也可以用來分裝大盆裡的食物，熱熱鬧鬧地大夥兒一起吃！

涼拌密技▼ 容器篇

道具 類別5

小碗
除了一般概念裡用來吃飯，也可以當水的計量器，還可以用來拌醬汁、盛裝醬汁、裝小菜，必要時還可以當模子。

湯鍋 ↗
煮、燙、泡，全靠它。

水盆 ↘
洗食材、冰鎮，也可以當拌菜的大缽。

炒鍋 ↑
爆香、炒配料，烙餅、烘蛋，炒完加水、加高湯煮成湯，空間也很足夠。

電鍋 ←
蒸食材。如果需要快速解凍、卻沒有微波爐，也可以利用電鍋，熱鍋後放進去稍微蒸一下，也有解凍的效果。

紗布 ↑
擠水的必備道具。

濾網 ←
撈食材、瀝乾，油炸的食物也可以放在上面，滴油。

5 道具

尖刀 ←
輕巧靈活，刀片薄、前
端尖，適合切易碎食
材，如蛋、豆腐。

剪刀 ↓
可以當菜刀用，剪螃蟹、
剪海菜，其實只要不是很
講究刀功，能切成一段段
的，都可以用剪刀剪，嚓
嚓嚓就剪完了。

菜刀 →
只要切菜，都用的上。

削皮刀 ↑
適合削皮比較薄的，如
果是大頭菜、花椰菜這
種又硬又厚的皮，還是
用刀削會比較好。

刨刀 ←
根莖類蔬果切細絲時，
利用刨刀削一削，比用
切的還快。而且這樣削
出來的絲很薄，容易入
味。

涼拌密技▼

道具篇

湯匙、茶匙 ↑
除了用來計量、攪拌，還
可以用來挖洞，塞餡料。
要挖大洞用大湯匙，小洞
就用小茶匙囉！

牙籤 ↑
固定、包裹食物，
挑蝦子的泥沙都用
得到。

筷子 ↑
筷子可以用來攪拌、甚
至是切割輕軟的食材，
如煮好的蘿蔔、馬鈴薯
等，也可以用來代替打
蛋器。

嘴饞的時候，
只是想來那麼幾筷子；
還是吃膩了大魚大肉，隨手做點小菜下飯，
也能很有味道。

PART 1

小菜拌拌篇

香辣爽脆速成泡菜
高麗泡菜

拌拌
公式!

高麗菜 +手 +菜刀 = **40** 分鐘

4人份材料 m a t e r i a l
高麗菜半顆

調味料 s p i c e
■鹽2湯匙、醋1湯匙、果糖1茶匙、橄欖油少許
■辣椒2支、香菜2支

作 法 r e c i p e
GO!

1

高麗菜沖水洗淨，切長條放一缽子中，灑鹽醃30分鐘。

2

醃一段時間就用手搓揉，使它水份脫出。

3

30分鐘後用手緊捏，去掉水份瀝乾。

4

辣椒切粒與調味料拌勻後，倒入高麗菜缽子中均勻調拌入味，食用時加入香菜段後即可。

OKAY!

速成泡菜簡單又方便，尤其是高山高麗菜不用果糖，也帶甜味，清爽可口。

小菜拌拌篇▼ 高麗泡菜

涼軟透心甜

涼粉黃瓜

拌拌
公式!

綠豆粉皮　＋橄欖油　＋湯匙　＝ **7** 分鐘

4人份材料 material
小黃瓜4條、綠豆粉皮4片

調味料 spice
■麻油、蠔油、橄欖油各1湯匙，果糖1茶匙、鹽1茶匙
■辣椒1支、大蒜4粒

作法 recipe
GO!

1
小黃瓜洗淨擦乾切長條4公分後，用刀背拍打，去掉籽籽。

2
粉皮切條狀，辣椒切粒，大蒜拍碎切成末備用。

3
黃瓜拌上所有調味料拌勻，醃一下。

4
加入涼粉拌勻，加上橄欖油，讓涼粉不沾黏，口感更好。

OKAY!

家庭常用的夏天健康食品，涼粉黃瓜百吃不厭。

小菜拌拌篇 ▼ 涼粉黃瓜

香絲牛蒡

香香甘甘越夾越順手

牛蒡 +菜刀 +鍋子 = **6** 分鐘

4人份材料 m a t e r i a l
牛蒡1條

調味料 s p i c e
■醋、果糖、鹽、醬油膏各1茶匙,香油1茶匙半
■香菜2支、熟白芝麻酌量

作法 r e c i p e
GO!

1

牛蒡洗淨削皮,切成絲。

2

放入滾水中煮,2分鐘後撈起,瀝乾水份。

3

調味料全部合在一起拌勻,與牛蒡絲均勻攪拌入味。

4

香菜切段加入拌好的牛蒡絲,盛入盤中撒下白芝麻。

小菜拌拌篇 ▼ 香絲牛蒡

OKAY!

牛蒡味道清香,放點辣油當成下酒菜,非常可口。

甘苦酸甜人生味

蘇梅苦瓜

拌拌
公式!

苦瓜 ＋湯匙 ＋菜刀 ＝**14**分鐘

4人份材料 m a t e r i a l
苦瓜1條、紫蘇梅8顆、櫻桃2粒
調味料 s p i c e
橄欖油2湯匙、鹽、香油各1茶匙

作法 r e c i p e

GO!

1
苦瓜洗淨，去籽。

2
放入滾水中煮，2分鐘後撈起放涼。

3
苦瓜切成薄片，加鹽醃漬10分鐘。

4
用手招乾水分。

5
紫蘇梅將籽去掉，果肉切成丁狀，與苦瓜、橄欖油合拌一起即可盛盤。

OKAY!

苦瓜可以清火，但因為帶有苦味，小朋友不喜歡吃，這樣的料理經過變化，的確吸引不少人去嘗試它。

小菜拌拌篇 ▼ 蘇梅苦瓜

紫色酸甜誘惑
泡菜茄子

拌拌公式!

茄子 + 菜刀 + 電鍋 = **25**分鐘

4人份材料 m a t e r i a l
茄子2條、紅蘿蔔1/2條、白蘿蔔1/2條、小黃瓜1條

調味料 s p i c e
橄欖油、醋各1湯匙，鹽、果糖各1茶匙、香油1茶匙

作法 r e c i p e
GO!

1
茄子洗淨後，擦乾切段，約5公分長。從中間劃一道，半剖。

2
放入蒸鍋蒸約10分鐘，排盤備用。

3
紅白蘿蔔、小黃瓜洗淨後，全切成小丁粒，用鹽醃20分鐘後捏乾水分，加入調味料。

4
把醃好的材料塞進蒸好的茄子裡，排盤後淋下香油就好了。

OKAY!
茄子蒸好後放進冰箱可以保持色澤，另一種入油鍋炸的吃法，顏色會更鮮美。

小菜拌拌篇 ▼ 泡菜茄子

綿密蓬鬆絲絲香
洋菜三絲

拌拌
公式!

洋菜、火腿、小黃瓜 ＋水盆 ＋菜刀 ＝ **6**分鐘

4人份材料 m a t e r i a l
乾洋菜1/2包、洋火腿1包、小黃瓜2條

調味料 s p i c e
■鹽、果糖各1/2茶匙，醋、蠔油、麻油、辣油各1茶匙
■大蒜3粒

作 法 r e c i p e

GO!

1

乾洋菜在冷開水中泡2分鐘撈起，擰乾。

2

把洋菜切成5公分長，洋火腿切絲，大蒜切成碎粒。

3

將切好的小黃瓜絲、洋菜、蒜粒與洋火腿加上調味料和在一起，就完成囉！

OKAY!

現做現吃最好，如果要過一會兒再吃，先不要把食材與調味料和在一起，以免黃瓜變軟，口感就不好了。

小菜拌拌篇 ▼ 洋菜三絲

涼拌白菜心

耳朵Q松子香

拌拌公式!

山東大白菜 ＋菜刀 ＋鏟子 ＝ 12 分鐘

4人份材料 material
山東白菜半顆、松子2兩、蒜苗1支、豬耳朵(滷熟的)酌量

調味料 spice
■ 鹽、果糖、砂糖各1茶匙，醬油膏、醋、橄欖油各2湯匙
■ 香菜2支、辣椒1支

作法 recipe

GO!

1
白菜洗淨後，剝成一瓣瓣，削掉葉子取其梗，並把菜梗切絲。

2
松子沖洗、瀝乾，用慢火炒香，熄火後撒下砂糖翻炒均勻，放涼備用。

3
辣椒、蒜苗、豬耳朵材料洗淨、切絲，香菜切段後放一缽子中，將調味料加入調勻拌和入味，盛入盤中後撒下松子，就完成了。

小菜拌拌篇 ▼ 涼拌白菜心

OKAY!

這是一道下酒的好菜，爽口又好吃，色香味俱全。

香辣爽口滑嫩入喉
香辣劍筍

拌拌公式!

劍筍 + 手 + 鍋子 = **30**分鐘

4人份材料 m a t e r i a l

劍筍半斤

調味料 s p i c e

■ 辣豆瓣醬、橄欖油各1湯匙,鹽少許、麻油1茶匙、果糖1/2茶匙
■ 辣椒1支、青蔥2支、大蒜3粒

作 法 r e c i p e

GO!

1
劍筍一一以指尖剝成兩半。

2
放入滾水中,小火煮20分鐘後撈出放涼。

3
辣椒、青蔥洗淨切絲備用,大蒜切細末。

4
調味料與劍筍拌合均勻即可。

小菜拌拌篇 ▼ 香辣劍筍

OKAY!

一盤香辣劍筍使人齒頰留香、回味無窮!

綠豆喬麥雙芽

清爽白綠如意棒

拌拌公式！

喬麥  ＋手 ＋鍋子 ＝**9**分鐘

4人份材料 m a t e r i a l
綠豆芽半斤、喬麥芽1碗、黃椒1顆

調味料 s p i c e
■香油、醋各2茶匙，醬油膏、果糖各1茶匙，鹽酌量
■辣椒2支

作法 r e c i p e

GO!

1
摘掉綠豆芽的鬚根，去除土味。

2
用開水汆燙一下即刻撈出，瀝乾。

3
黃椒、辣椒洗淨切絲，喬麥芽用冷開水泡5分鐘撈出瀝乾。

4
所有的食材加在一起淋下調好的調味醬，醬與食材拌合入味即可上盤。

OKAY!

爽口又秀色，令人想多看一眼、食指大動，吃了健康又幸福。

小菜拌拌篇 ▼ 綠豆喬麥雙芽

另類蔬菜麵點

干絲涼拌

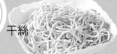 干絲 ＋濾網 ＋鍋子 ＝**38** 分鐘

4人份材料 m a t e r i a l
干絲4兩、紅蘿蔔1小條、芹菜3支

調味料 s p i c e
■醬油、香油各1茶匙，蠔油2茶匙、橄欖油1湯匙
■小蘇打粉1茶匙

作法 r e c i p e

GO!

1
干絲用2碗水泡小蘇打粉。

2
泡20分鐘後沖水洗淨。

3
燒一鍋水煮干絲至軟，約需10分鐘，之後撈出放涼。

4
紅蘿蔔、芹菜洗淨切絲、切段。芹菜汆燙後撈出放涼，與大蒜末一同與調味料拌勻即可。

小菜拌拌篇 ▼ 干絲涼拌

OKAY!

雖然是一道極為普通的涼拌菜，但處理的程序不可少，因為干絲處理的方法相當重要。

夠味下酒菜
香辣花生

拌拌
公式!

花生 ＋手 ＋筷子 ＝**5**分鐘

4人份材料 material
熟花生(脆)1碗

調味料 spice
■香油、鹽酌量、醬油1大匙
■辣椒2支、香菜3支、大蒜3個

作法 recipe
GO!

1
用大拇指與食指夾住花生，用力撮一下，將花生去皮。

2
辣椒、香菜洗淨均切成粒狀，大蒜切成末。

3
材料與調味料混和拌勻，就完成囉！

小菜拌拌篇 ▼ 香辣花生

OKAY!

最對味的下酒菜，喜歡辣的可以多放點辣椒，別有一番風味。

增長肌力的大力菜
芝麻菠菜

拌拌
公式！
菠菜  ＋菜刀 ＋鍋子 ＝**4**分鐘

4人份材料 m a t e r i a l

菠菜半斤

調味料 s p i c e

■橄欖油、蠔油各1湯匙，麻油1茶匙、鹽少許
■大蒜2粒、白芝麻少許

作 法 r e c i p e
GO!

1
菠菜洗淨，用一鍋滾水汆燙至軟，撈起瀝乾。

2
擠乾後排好，切成5公分長段狀，排放盤中。

3
調味料加在一起拌勻，淋在菠菜上面，再撒下白芝麻即可。

小菜拌拌篇▼ 芝麻菠菜

OKAY!

菠菜營養豐富，口感柔潤，是家庭中不可缺少的綠色蔬菜。

神奇打某菜

涼拌茼蒿

拌拌公式!

茼蒿 ＋手 ＋鍋子 ＝ **7** 分鐘

4人份材料 material
茼蒿1斤、滷豆腐干2片、白芝麻1小包

調味料 spice
橄欖油、蠔油各1湯匙，麻油1茶匙

作法 recipe

GO!

1

茼蒿洗淨，放入滾水中汆燙至軟撈起。

2

撈出放涼後，捏出水份後切1公分左右備用。

3

豆腐干切小丁，與茼蒿、調味料拌合入味盛盤，再撒下白芝麻即可。

茼蒿很會縮水喔！一大把煮出來只剩一點點，老公以為老婆偷吃所以打她，因而有「打某菜」之稱，所以記得買茼蒿要買多一點，免得縮水只剩兩口塞牙縫啦！

（下水前→ 下水後→ ）

OKAY!

茼蒿味香，煮後縮水，量會變得很少，可是味道集中，非常可口。

小菜拌拌篇 ▼ 涼拌茼蒿

跳舞柴魚元氣組
柴魚韭菜

拌拌公式！

柴魚 ＋菜刀 ＋鍋子 ＝ **8** 分鐘

4人份材料 material
韭菜半斤、柴魚片半碗、松子100公克

調味料 spice
■蠔油1湯匙、橄欖油2湯匙，醬油、芥花油各1茶匙
■辣椒1支、砂糖1茶匙

作法 recipe

GO!

1

松子洗淨瀝乾，用小火慢炒至焦黃色、香氣跑出來後熄火，放砂糖翻炒幾下盛出放涼備用。

2

韭菜洗淨，滾水汆燙至軟撈出瀝乾。

3

韭菜擠出水份，排齊去頭尾，切長5公分長段。

4

辣椒切粒與調味料混合調勻，淋在盤上的韭菜再撒下柴魚片、松子即可。

OKAY!

2月的韭菜最嫩，也有醫療作用，多食有益身體健康。

小菜拌拌篇 ▼ 柴魚韭菜

浪漫忘憂草
金針花開時

金針  ＋手 ＋鍋子 ＝**15**分鐘

4人份材料 m a t e r i a l
青色金針100公克、黃色金針(乾的)510公克

調味料 s p i c e
■蠔油2茶匙、橄欖油2湯匙、香油1茶匙
■破布子(醃好的)2湯匙、辣椒1支

作 法 r e c i p e
GO!

1

破布子去籽，辣椒切粒，乾金針泡水10分鐘。

2

黃色金針花泡水後去蒂打結，青色金針洗淨備用。

3

滾開水煮金針花(先青後黃)，約需1分鐘，撈起放入冷水中沖涼，再撈起瀝乾。

4

所有食材與調味料拌合入味，即可盛盤。

OKAY!

花的饗宴，打結過的金針口感十足、甘脆清香。

小菜拌拌篇 ▼ 金針花開時

沒有油煙也沒有惱人熱鍋，
所有材料切一切洗一洗，
拌上很有味道的調味醬，
輕輕鬆鬆，
也能變出大菜端上桌！

PART 2
主菜拌拌篇

甜脆開胃好滋味
蕃茄汁拌蝦仁

拌拌公式!
蝦仁 ＋蕃茄 ＋菜刀 ＝ **4** 分鐘

4人份材料 m a t e r i a l
蕃茄1個、蝦仁4兩、小黃瓜1條、榨菜粒1茶匙

調味料 s p i c e
橄欖油2湯匙，辣油、果糖、鹽各1茶匙

作 法 r e c i p e
GO!

1
蝦仁背部挑出泥沙，用滾水汆燙10秒鐘撈出。

2
放入冰水中冰鎮，撈出後用乾布吸乾。

3
蕃茄剁細成泥，小黃瓜切圓片，榨菜切粒狀。

4
用一缽子將所有的材料與調好的調味醬拌合後即可盛盤。

OKAY!

冰鎮後的彈脆蝦仁、酸甜的蕃茄，是最佳的組合。

主菜拌拌篇 ▼ 蕃茄汁拌蝦仁

醉蟹麻舌好勁道
嗆蟹

拌拌
公式!

 花蟹 +紹興酒 +水盆  =**1**天

4人份材料 m a t e r i a l
花蟹2隻、花椒1/3碗、薑末1茶匙
調味料 s p i c e
鹽1/3碗、紹興酒1瓶、醋3湯匙、果糖1湯匙

作 法 r e c i p e
GO!

1
用炒鍋小火炒花椒鹽,至呈焦黃色盛起備用。

2
花蟹剁成4塊去掉內臟,大螯拍裂。

3
用一缽子裝入蟹肉,撒下椒鹽拌勻。

4
倒入紹興酒泡24小時,放冰箱冷藏。

5
食用時揀去花椒盛放盤上,薑末與醋、果糖拌在小碗,沾蟹肉食用。

OKAY!

花蟹肉多殼薄最適合做「嗆蟹」。這道菜是江浙人經常食用的一道名菜,它的另一個名字是「蟹糊」,就是指螃蟹泡酒後糊裡糊塗的樣子。

主菜拌拌篇 ▼ 嗆蟹

好吃簡單菇料理
香蕈涼拌

拌拌
公式!

 菇 + 尖刀 + 鍋子 = **9** 分鐘

2人份材料 material
香菇5朵、洋菇5朵、鴻禧菇10朵、柳松菇6朵、花椰菜1棵

調味料 spice
■魚露、蠔油、橄欖油各1湯匙，麻油1茶匙
■薑片2片

作法 recipe

GO!

1

所有菇把蒂頭髒的根部削掉。

2

將所有的菇泡水，把皺摺內部洗淨。花椰菜莖部粗皮削掉泡水，薑切成細末。

3

汆燙所有食材，撈起放涼。

4

調味料倒在碗裡加薑末拌勻，用一缽子將所有材料、調味料混合入味即可盛盤。

OKAY!

喜歡吃菇類或素食者，最簡單的香氣四溢料理。

主菜拌拌篇 ▼ 香蕈涼拌

山珍海味速成菜

花椰蟹條

拌拌
公式!

花椰菜 ＋尖刀 ＋剪刀 = **6** 分鐘

4人份材料 m a t e r i a l
花椰菜1棵、洋菇6個、蟹條6小包

調味料 s p i c e
橄欖油2湯匙，果糖、鹽、醋各1茶匙，胡椒粉少許

作 法 r e c i p e

GO!

1

花椰菜削掉根部老皮，讓口感爽脆。把花椰菜分切成小朵。

2

蟹條剝除塑膠皮，與洋菇、花椰菜一同滾煮2分鐘，撈出瀝乾。

3

燙好的洋菇切半，蟹條剝絲。

4

所有材料加上調勻的醬汁，混合入味盛入盤中即可。

OKAY!

花椰菜據醫學報導可以防制癌症，多食有益。

主菜拌拌篇 ▼ 花椰蟹條

海味十足的水母料理
涼拌雞絲海蜇皮

拌拌公式!

海蜇皮 + 鍋子 + 菜刀 = **35** 分鐘

4人份材料 m a t e r i a l
雞胸肉1塊、海蜇皮2張、小黃瓜1條

調味料 s p i c e
■醬油膏、香油各2茶匙，果糖、醋各1茶匙，鹽少許
■辣椒1支、大蒜3個、香菜2支

作 法 r e c i p e
GO!

1

海蜇皮泡水20分鐘，讓它變軟。

2

把海蜇皮放入滾水中煮，約3分鐘撈出，放入冷水泡10分鐘，撈出備用。

3

雞肉煮熟後剝成絲，海蜇皮切絲。

4

香菜、小黃瓜、辣椒洗淨切絲，大蒜切成細末，再將以上材料加調味料混合即可上盤。

OKAY!

海蜇皮處理時如嫌腥味，可用米醋泡幾分鐘。

主菜拌拌篇 ▼ 涼拌雞絲海蜇皮

辣得過火的四川招牌
椒麻雞

拌拌
公式!

雞 ＋辣椒 ＋菜刀 ＝**8**分鐘

4人份材料 m a t e r i a l
煮熟的雞肉半隻、青蔥3支、蒜4粒、薑2片

調味料 s p i c e
■花椒粉、蠔油、醋各1湯匙，芥花油半碗、醬油膏2湯匙、麻油1茶匙
■青蔥3支、蒜4粒、薑2片

作法 r e c i p e
GO!

1

用一炒鍋放半碗芥花油燒熱至起油煙，倒在花椒粉、辣椒粉加在一起的碗裡，這就是椒麻油。

2

熟雞肉按肌理纖維垂直切塊，口感會比較好。

3

醬油膏、蠔油、醋、椒麻油，加蔥粒、蒜、薑末拌勻，淋在雞肉上即可。

主菜拌拌篇 ▼ 椒麻雞

OKAY!

椒麻雞十足的川味，麻麻辣辣，適合重口味的朋友。

香噴噴的水煮雞肉料理

怪味雞

拌拌公式！

 雞胸肉 ＋ 芝麻醬 ＋ 鍋子 ＝ **8**分鐘

4人份材料 m a t e r i a l

雞胸肉1塊

調味料 s p i c e

■ 芝麻醬、辣椒油各1茶匙半，醬油、果糖、香油各1茶匙，鹽酌量
■ 青蔥1支

作法 r e c i p e

GO!

1
滾水煮雞肉約5分鐘，熟後撈出瀝乾。

2
把雞肉剝成絲狀。

3
將所有的調味料合在一起攪拌均勻。

4
雞肉盛放盤上，淋下調味醬，灑下蔥絲即可。

主菜拌拌篇 ▼ 怪味雞

OKAY!

不吃辣的可以不放辣椒油，改放橄欖油，味道一樣香噴噴，老少咸宜。

酸辣冬粉

東南亞風粉絲

拌拌公式!

冬粉 + 鍋子 + 濾網 = **17** 分鐘

4人份材料 m a t e r i a l
綠豆粉絲4把、紅蘿蔔1支、香菜3支、芹菜2支、大蒜4粒

調味料 s p i c e
辣椒油3湯匙、蠔油2湯匙、醋1大匙、果糖1茶匙、鹽酌量

作法 r e c i p e

GO!

1
紅蘿蔔、芹菜洗淨切絲、汆燙、撈出瀝乾放涼。粉絲另外在滾水中煮。

2
約3分鐘後熄火，泡在熱鍋中大約10分鐘，讓粉絲泡軟。

3
泡軟後撈出粉絲沖涼開水，再瀝乾。

4
大蒜切末、香菜洗淨切段，所有食材與調味料拌勻入味，即可盛盤。

OKAY!

郊遊做這道酸辣冬粉，非常簡便可口，受到很多人的歡迎。

主菜拌拌篇 ▼ 酸辣冬粉

酸辣泰緬招牌
涼拌海鮮

拌拌
公式!

魷魚墨魚蝦仁 ＋辣椒 ＋菜刀 ＝**7**分鐘

4人份材料 material
魷魚半隻、墨魚1隻、蝦仁4兩、蕃茄1個、檸檬1個

調味料 spice
■橄欖油3湯匙、蠔油2湯匙、果糖1茶匙、鹽酌量
■香菜2支、大蒜3粒、辣椒2支

作法 recipe
GO!

1

魷魚、墨魚洗淨(拔除內臟)，切交叉斜紋，蝦仁挑去背上的污泥。

2

全部汆燙一會兒，撈出置入冰水中。

3

蕃茄切丁塊狀，香菜切小段，大蒜切成末，辣椒切粒。

4

海鮮食材瀝乾，加入香料、調味料，檸檬對切擠出汁，全部拌合一起入味。

主菜拌拌篇 ▼ 涼拌海鮮

OKAY!

泰緬地區的名菜，集酸、甜、辣，嗆味十足，喜歡重口味的朋友們不妨試試。

大鍋做菜的妙招
五福臨門

拌拌公式！

蛋 ＋平底鍋 ＋菜刀 ＝ **12** 分鐘

4人份材料 m a t e r i a l

洋蔥半個、雞蛋2個、青椒1個、滷豆腐干2片、紅蘿蔔1支

調味料 s p i c e

■橄欖油、醬油膏各2湯匙，麻辣油、果糖各1茶匙，鹽酌量

■大蒜2粒

作法 r e c i p e
GO!

1

雞蛋打散倒入平底鍋，油鍋慢慢滾動轉圓煎成蛋皮，熄火暫時不拿，才不會粘鍋。

2

蛋皮涼了後捲成蛋捲狀，切絲。所有的材料也都切絲，大蒜拍碎切末。

3

所有調味料攪拌均勻，跟所有材料拌勻後盛盤即可。

主菜拌拌篇 ▼ 五福臨門

OKAY!

極簡單的作法，卻綜合許多營養，裝盤時顏色鮮艷美麗，不失為宴客好幫手。

海味章魚

捲捲八爪魚料理

章魚  ＋鍋子 ＋菜刀 ＝**8**分鐘

4人份材料 m a t e r i a l
章魚1隻、海帶芽1碗、小黃瓜1條

調味料 s p i c e
■醋半碗、果糖、醬油膏、柴魚醬油各2茶匙，香油1湯匙
■大蒜2粒、薑2片

作法 r e c i p e

GO!

1

章魚先去掉內臟，剝皮、洗淨。

2

把章魚放進滾水中煮，大約7、8分鐘等肉色由透明變白，就可撈起。

3

小黃瓜切片，海帶芽先泡水20分鐘後放入滾水中煮30分鐘，撈出海帶芽放涼。

4

章魚切片與黃瓜、海帶芽、大蒜末、薑末拌合，加入調味料即可。

OKAY!

鮮美的海味不須多樣的調味品，新鮮加上對味的配合，使味蕾更舒服。

主菜拌拌篇▼ 海味章魚

養生不用苦苦中藥，
青青脆脆的爽口滋味，
蔬果拌點果香蜜糖，新鮮的滋味，
這樣也能讓身體壯壯頭腦好。

PART

3

養生拌拌篇

■三味豆腐

■山蘇百合

■甘脆山藥

■清香木瓜

三味豆腐

創意懷石料理

拌拌公式!

嫩豆腐、鹹鴨蛋、皮蛋 +紗布 +小碗 = **12**分鐘

4人份材料 material
嫩豆腐1盒、鹹鴨蛋1個、皮蛋1個

調味料 spice
■醬油膏1茶匙、香油2茶匙、鹽少許
■蔥2支、大蒜1支

作法 recipe

GO!

1
皮蛋剝殼放手心上，以尖刀輕畫切成小丁狀，鴨蛋剝殼切丁，蔥花、蒜泥切好備用。

2
用一條紗布包住豆腐，扭擠出水份。

3
所有材料與調味料拌勻，放進小碗中壓實。

4
10分鐘後待豆腐定型，倒扣入盤即可。

OKAY!

簡易的手法不須動用鍋鏟，營養豐富、老少咸宜，配稀飯更有味。

養生拌拌篇▼三味豆腐

固胃解毒又明目

山蘇百合

拌拌公式！

山蘇、百合  ＋ 鍋子 ＋ 菜刀 ＝ **12** 分鐘

4人份材料 material
山蘇150公克、百合(新鮮)1球、枸杞20粒

調味料 spice
■橄欖油2湯匙、蠔油1湯匙、鹽少許、果糖1茶匙
■薑末1茶匙、白芝麻少許

作法 recipe

GO!

1
山蘇與百合洗淨後，熱水汆燙3分鐘撈出。

2
山蘇切成適口小段，枸杞泡涼開水過濾一下，撈起瀝乾。

3
先將調味料混合調勻加上薑末拌合，再與百合、枸杞一同拌勻，最後灑上芝麻即可。

養生拌拌篇 ▼ 山蘇百合

OKAY!

漂亮的顏色，鮮美的口感，令人食指大動。

青春不老食補法

甘脆山藥

拌拌
公式！

山藥　　+削皮刀　　+菜刀　　=**3** 小時

4人份材料 m a t e r i a l
白皮山藥(約半條)、枸杞20粒

調味料 s p i c e
■鹽1茶匙、香油1茶匙、橄欖油1茶匙、果糖1茶匙
■海苔、芝麻少許

作法 r e c i p e
GO!

1
山藥削皮、洗淨。

2
把山藥切成小長條。

3
切成小塊的山藥放入冰水，冰鎮3個小時。枸杞泡冷開水後瀝乾。

4
調味料用一缽子混合一起，加入切好的山藥、枸杞拌合入味盛盤，撒下海苔芝麻。

OKAY!

山藥生吃是最好的生機飲食可以治病，此種做法簡單易做，口感又好，很像吃水果般的多汁。

養生拌拌篇▼ 甘脆山藥

豐胸美容低熱量
清香木瓜

拌拌
公式!

木瓜 ＋湯匙 ＋刨刀 ＝**12**分鐘

4人份材料 m a t e r i a l
青木瓜1個

調味料 s p i c e
■果糖、醬油膏、醋各1/2茶匙，鹽少許、辣油1茶匙
■香菜1支、黑白芝麻少許

作法 r e c i p e
GO!

①

木瓜對剖、去籽。

②

木瓜削皮、刨絲，加鹽醃約10分鐘，去掉水份後，稍為擰乾。

③

加入調味料拌勻置於盤中，灑下香菜、芝麻即可食用。

養生拌拌篇 ▼ 青香木瓜

OKAY!

夏天颱風過後蔬果漲價，被風吹落的木瓜也可當蔬菜食用。

有點辦家家酒的味道，加點巧思與手工，
把食材全都包起來，
隨手拈著吃，
讓生活情趣加點甜甜鹹鹹的味道！

PART 4

點心拌拌篇

像點心的野餐便當
火腿手捲

拌拌公式!

火腿 + 牙籤 + 手 = **3** 分鐘

2人份材料 m a t e r i a l
四方形洋火腿5片、海苔5片、玉米醬5湯匙、苜蓿芽1碗、喬麥芽1碗

調味料 s p i c e
美奶滋酌量、優格1瓶(小)

作法 r e c i p e

GO!

1
把玉米醬、美奶滋、優格攪拌均勻備用。

2
取一片火腿攤開,酌量鋪上苜蓿芽,再把玉米醬及喬麥芽放上去。

3
火腿片左右角塗上少許美奶滋當膠著劑,把火腿捲起來。

4
接口上用海苔包住,再用牙籤固定即可。

點心拌拌篇 ▼ 火腿手捲

GOAL!

海苔的酥與豆芽的鮮,現包現吃最好。

自製好吃冰淇淋
水果優格

 拌拌公式！

優格 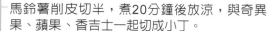 ＋小刷子 ＋小瓶子 ＝ **30**分鐘

2人份材料 material
馬鈴薯、奇異果、香吉士、百香果各1個，蘋果2片、草莓3個

調味料 spice
優格1罐、美奶滋3湯匙、橄欖油1湯匙

作法 recipe

GO!

1

馬鈴薯削皮切半，煮20分鐘後放涼，與奇異果、蘋果、香吉士一起切成小丁。

2

將所有的水果與優格、美奶滋拌在一起。

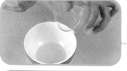

3

小玻璃瓶抹油，把材料倒入。

4

抹平壓實後放進冷凍庫，食用時倒扣盤中淋下百香果汁，再以草莓、奇異果裝飾。

OKAY!

水果點心也能做成涼拌，造型可愛。

點心拌拌篇 ▼ 水果優格

辦家家酒的良伴
蜜瓜盅

拌拌公式!

哈密瓜 +小湯匙 +尖刀 = **7** 分鐘

2人份材料 m a t e r i a l
哈密瓜半個、洋火腿2片、草莓2個

調味料 s p i c e
美奶滋1/2碗

作法 r e c i p e
GO!

1
哈密瓜中間切半,瓜籽去掉。

2
切半的瓜再切成3個長型,再切成等邊四方型。

3
把方塊狀的瓜削皮。

4
用小茶匙挖出果肉成空洞。再把洋火腿切細末與美奶滋拌合,填1茶匙在蜜瓜空洞中間,用一盤子排列好再配上切好的草莓,漂亮又好吃。

點心拌拌篇 ▼ 蜜瓜盅

OKAY!

食用時現做,最好不宜放久。

清香優雅的夏季戀曲
甘脆蓮藕

拌拌
公式！

蓮藕　＋菜刀　＋水盆　＝**5**分鐘

2人份材料 m a t e r i a l
嫩蓮藕1斤

調味料 s p i c e
■鹽、果糖、醬油膏各1茶匙，橄欖油2茶匙
■香菜2支、檸檬1個、薑末1茶匙

作 法 r e c i p e
GO!

1

蓮藕切片，放入滾水中煮約2分鐘，然後撈起。

2

將蓮藕片放入冷水沖涼，放入另一缽中。

3

薑末加入調味料調和一下再倒入缽子中，把蓮藕與調味料攪拌幾下，淋下檸檬汁，好讓味道滲入蓮藕，然後裝入盤中。

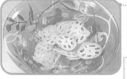

點心拌拌篇 ▼ 甘脆蓮藕

OKAY!

蓮藕的甘脆，加上調味料的酸甜，如同吃水果的感覺，很受大家的喜愛。

方便即食沙拉餐
鮪魚沙拉筍

拌拌公式！

 鮪魚罐頭 ＋筍子 ＋筷子 ＝**30**分鐘

2人份材料 m a t e r i a l
鮪魚罐頭1罐、綠竹筍1支

調味料 s p i c e
海苔芝麻酌量、沙拉醬2湯匙

作法 r e c i p e
GO!

1
竹筍洗淨後放入開水鍋中煮約25分鐘，讓竹筍悶在熱水裡20分鐘，再拿出沖涼。

2
竹筍切成細絲。

3
鮪魚罐頭買整塊魚肉的，剝成絲狀與筍絲相同。

4
加上沙拉醬調勻，在鮪魚、筍絲上撒下海苔芝麻即可。

OKAY!

簡易的做法很適合上班族，嫩竹筍的配合，不易吃膩，你不妨試試看。

點心拌拌篇 ▼ 鮪魚沙拉筍

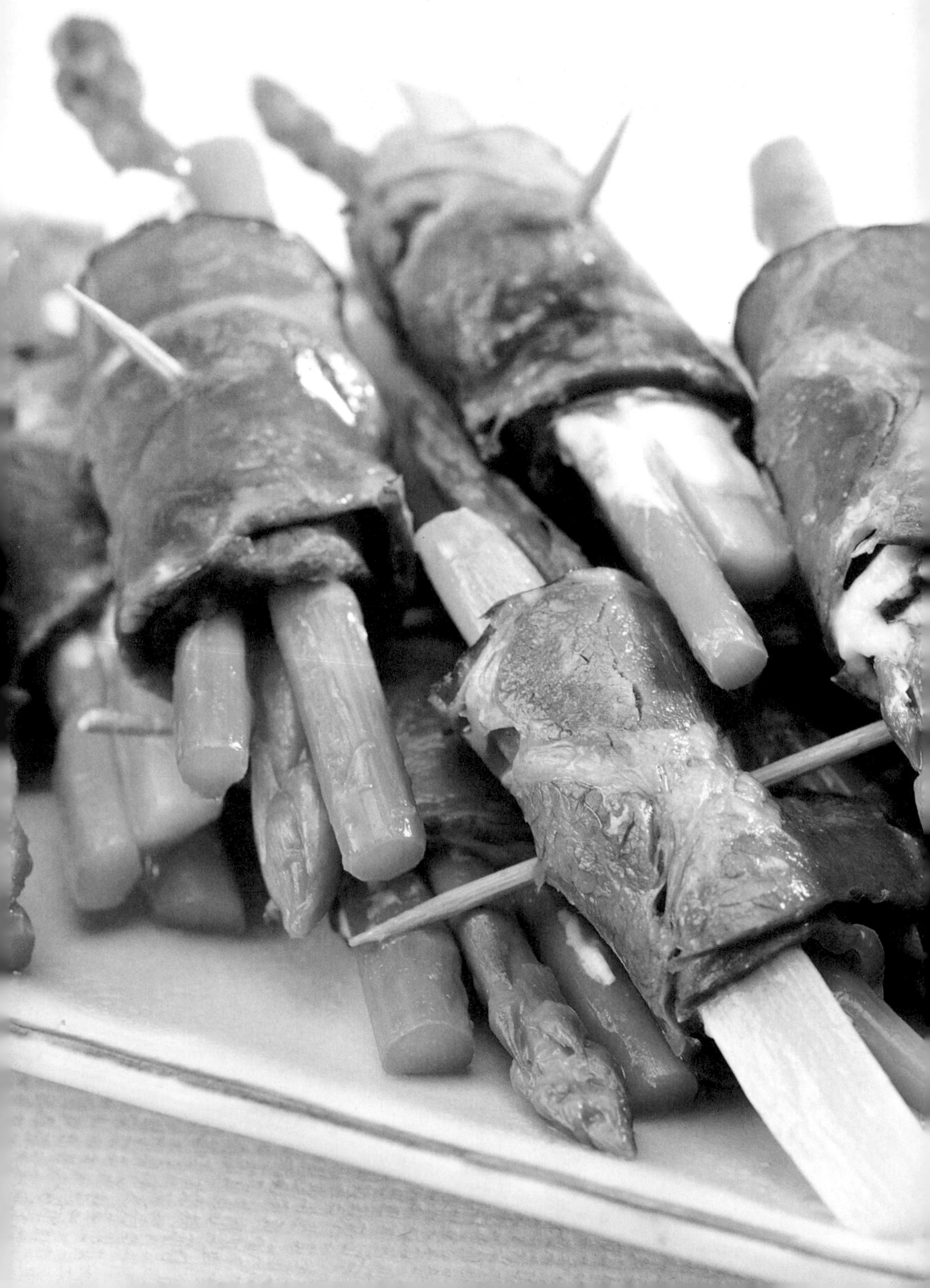

一捲一口剛剛好

蘆筍培根

拌拌公式！

蘆筍 ＋培根 ＋牙籤 ＝**3**分鐘

2人份材料 m a t e r i a l
蘆筍10支、培根10片

調味料 s p i c e
美奶滋1/2碗

作法 r e c i p e .

GO!

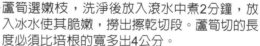

培根蒸熟。

蘆筍選嫩枝，洗淨後放入滾水中煮2分鐘，放入冰水使其脆嫩，撈出擦乾切段。蘆筍切的長度必須比培根的寬多出4公分。

將培根平放砧板上，蘆筍切成3段排好放在培根上面，擠下約一茶匙的美奶滋。

捲培根的時候輕輕地捲成滾筒，把多餘的培根切掉，用牙籤固定，排列盛盤。

點心拌拌篇 ▼ 蘆筍培根

OKAY!

小朋友或者年輕朋友喜歡不同花樣的做法，不同口味改變桌上的菜色，令人喜悅。

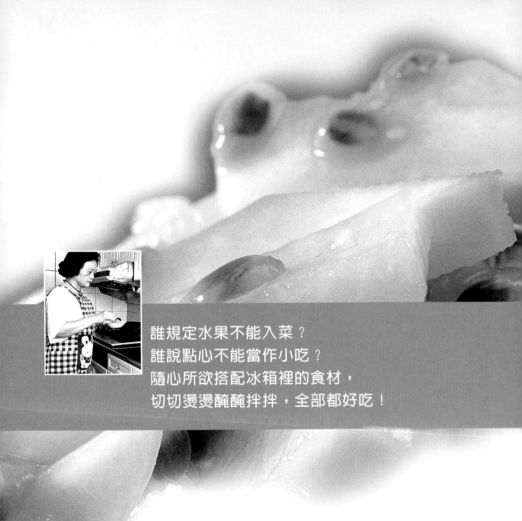

誰規定水果不能入菜？
誰說點心不能當作小吃？
隨心所欲搭配冰箱裡的食材，
切切燙燙醃醃拌拌，全部都好吃！

PART **5**

另類拌拌篇

酸甜香香果
香果拌大頭菜

拌拌公式! 大頭菜 +湯匙 +菜刀 = **6** 分鐘

2人份材料 m a t e r i a l
大頭菜1顆、百香果3顆

調味料 s p i c e
■鹽2茶匙、果糖2茶匙、橄欖油1湯匙
■大蒜3粒

作法 r e c i p e
GO!

1
大頭菜削皮洗淨,切約2公分長條。

2
切好的大頭菜加入2茶匙鹽,醃約20分鐘。

3
用手捏乾,瀝掉水分,再將調味料拌入。

4
蒜頭切碎,百香果切開取其果肉,果汁與醃好的大頭菜混合拌勻即可盛盤。

OKAY!

喜食辛辣者可放新鮮辣椒,切圓形、長絲狀均可。

另類拌拌篇 ▼ 香果拌大頭菜

減肥低熱量聖品
綠茶蒟蒻

拌拌公式！

蒟蒻 + 綠茶粉 + 鍋子 = **13** 分鐘

2人份材料 m a t e r i a l
綠茶粉1茶匙、蒟蒻1盒、枸杞10粒

調味料 s p i c e
橄欖油2湯匙、醋1湯匙、果糖2茶匙、鹽1茶匙

作 法 r e c i p e
GO!

1
整塊蒟蒻煮10分鐘後取出，再撈起瀝乾切成條狀。

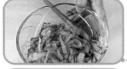

2
加進綠茶粉拌勻備用。

3
入味後泡入開水再撈起，去除苦味。

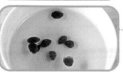

4
枸杞泡開，與蒟蒻放進一缽子中，再加入調味料拌勻即可盛盤。

OKAY!

清香的綠茶味，暑夏做一盤綠茶蒟蒻，清爽許多。

另類拌拌篇 ▼ 綠茶蒟蒻

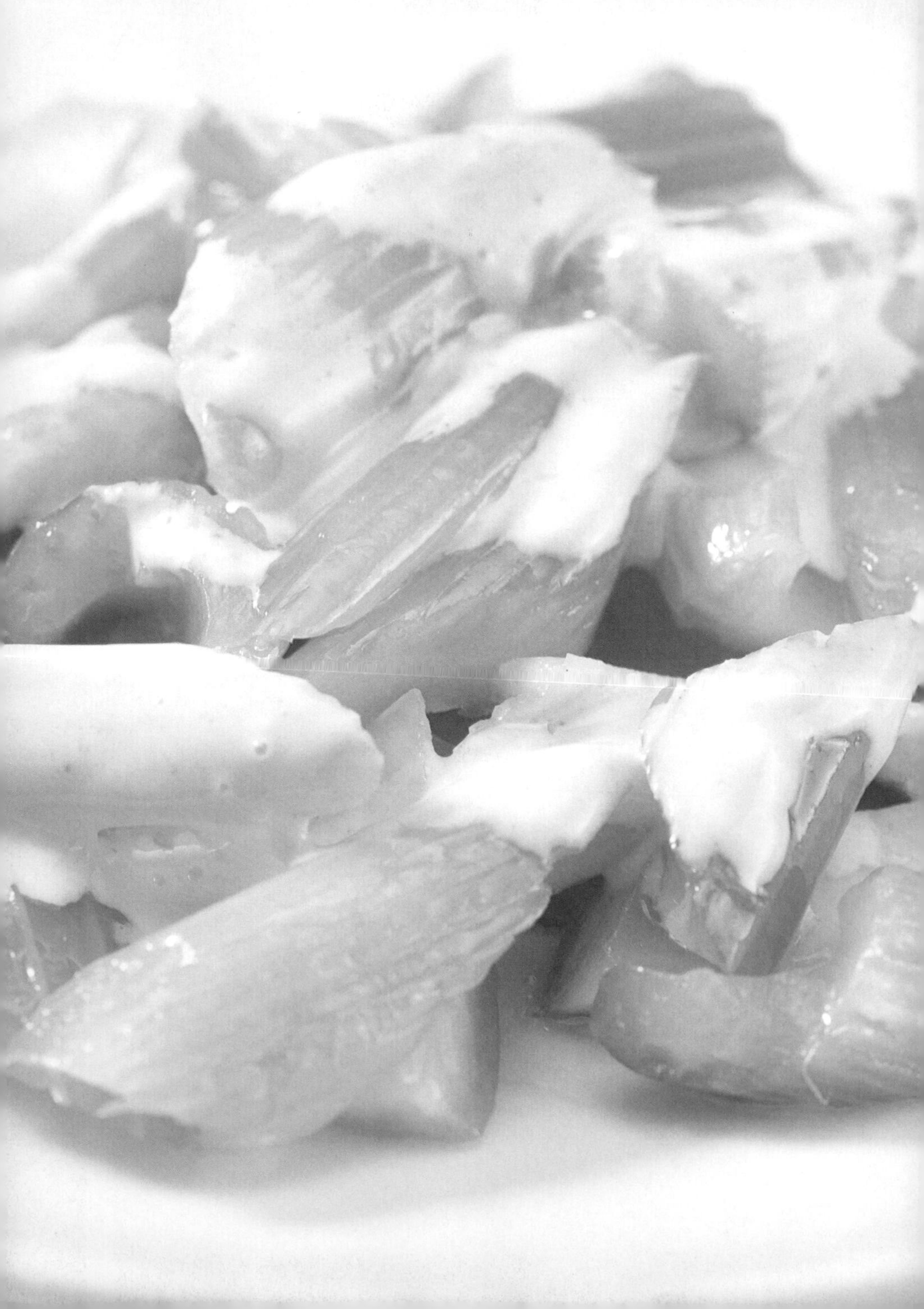

日式辣美味
芥茉芹菜

拌拌公式!

大芹菜 +手 +鍋子 = **6** 分鐘

2人份材料 m a t e r i a l
大芹菜1/2棵

調味料 s p i c e
橄欖油、沙拉醬各2茶匙,鹽、芥茉醬、果糖各1茶匙

作法 r e c i p e

GO!

1

大芹菜挑出裡層最嫩的,洗乾淨、剝去老絲,增加口感。

2

放入滾水中汆燙1分鐘,立即撈起。

3

放入冷水中沖涼後切片,用鹽拌一拌,加橄欖油後放置盤中。

4

沙拉醬與芥茉醬混合拌均勻,加1茶匙冷開水攪拌,然後澆在芹菜上即可。

OKAY!

這是健胃整腸的涼拌菜,清爽可口、嗆辣十足。

另類拌拌篇 ▼ 芥茉芹菜

齒頰留香特製蒜頭

醃糖蒜

拌拌公式！

大蒜頭 ＋鹽 ＋密封罐 ＝ **3** 個月

2人份材料 m a t e r i a l
大蒜頭5台斤

調味料 s p i c e
醋2瓶、米酒、醬油各1瓶，鹽1碗、冰糖600公克

作法 r e c i p e

GO!

1
大蒜頭去蒂洗淨，晒乾2天。

2
用罐子裝冷開水加一碗鹽，鹽水合勻，將蒜頭醃在鹽水罐中約一星期。

3
一星期後將鹽水倒掉，加入所有調味料醃3個月。醃漬期間請勿晒到太陽，或沾到油污。啟封時請用乾淨的用具取用。

OKAY!

食用糖蒜可增強免疫力，不易感冒也可防癌，1天3粒是最佳的健康食品。

另類拌拌篇 ▼ 醃糖蒜

收拾菜尾冰箱食物大集合
綜合涼拌果菜

拌拌公式!

翻翻冰箱裡有什麼呢？

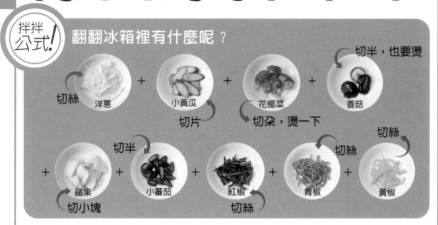

切絲 洋蔥 + 小黃瓜 切片 + 花椰菜 切朵，燙一下 + 香菇 切半，也要燙

+ 蘋果 切小塊 + 小蕃茄 切半 + 紅椒 切絲 + 青椒 切絲 + 黃椒 切絲

作法 r e c i p e

GO!

1

玉米醬＋優格＋橄欖油全部拌一起，調成一碗醬。

2

調味醬加起來調勻，與蔬果拌在一起即可盛盤。

另類拌拌篇 ▼ 綜合涼拌果菜

OKAY!

冰箱裡用剩的食材免於浪費，
都可用此作法消化掉食材。

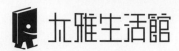

太雅生活館叢書·知己實業股份有限公司總經銷

購書服務

● **更方便的購書方式：**

（1）信用卡訂購 填妥「信用卡訂購單」，傳真或郵寄至知己實業股份有限公司。

（2）郵政劃撥 帳戶：知己實業股份有限公司 帳號：15060393
在通信欄中填明叢書編號、書名及數量即可。

（3）通信訂購 填妥訂購人姓名、地址及購買明細資料，連同支票或匯票寄至知己公司。

◎ 購買2本以上9折優待，10本以上8折優待。

◎ 訂購3本以下如需掛號請另付掛號費30元。

● **信用卡訂購單**（要購書的讀者請填以下資料）

書　名	數　量	金　額

□VISA　□JCB　□萬事達卡　□運通卡　□聯合信用卡

・卡號 ＿＿＿＿＿＿＿　・信用卡有效期限 ＿＿＿＿ 年＿＿＿ 月

・訂購總金額 ＿＿＿＿元 ・身分證字號＿＿＿＿＿＿＿

・持卡人簽名＿＿＿＿＿＿（與信用卡簽名同）

・訂購日期 ＿＿＿ 年 ＿＿＿ 月 ＿＿＿ 日

填妥本單請直接影印郵寄回知己公司或傳真（04）23597123

總經銷：知己實業股份有限公司

◎ 購書服務專線：（04）23595819＃231 FAX：（04）23597123

◎ E-mail：itmt@ms55.hinet.net

◎ 地址：407台中市工業區30路1號

掌握最新的旅遊情報,請加入太雅生活館「旅行生活俱樂部」

很高興您選擇了太雅生活館(出版社)的「個人旅行」書系,陪伴您一起快樂旅行。只要將以下資料填妥後回覆,您就是太雅生活館「旅行生活俱樂部」的會員,可以收到會員獨享的最新旅遊情報。

706

這次購買的書名是:生活技能／**開始窈窕吃涼拌 (Life Net 706)**

1.姓名: 　　　　　　　　　　　　　性別:□男 □女

2.出生:民國 　　　年 　　　月 　　　日

3.您的電話: 　　　　　　　地址:郵遞區號□□□ 　　　　　

　E-mail: 　　　　　　　　　　　　　

4.您的職業類別是:□製造業 □家庭主婦 □金融業 □傳播業 □商業 □自由業
　　　　　　　　□服務業 □教師 □軍人 □公務員 □學生 □其他 　　　　

5.每個月的收入:□18,000以下 □18,000~22,000 □22,000~26,000
　□26,000~30,000 □30,000~40,000 □40,000~60,000 □60,000以上

6.您從哪類的管道知道這本書的出版?□　　　報紙的報導 □　　　報紙的出版廣告
　□　　　雜誌 □　　　廣播節目 □　　　網站 □書展 □逛書店時無意中看到
　的 □朋友介紹 □太雅生活館的其他出版品上

7.讓您決定購買這本書的最主要理由是? □封面看起來很有質感
　□內容清楚資料實用 □題材剛好適合 □價格可以接受
　□其他

8.您會建議本書哪個部份,一定要再改進才可以更好?為什麼?

9.您是否已經看著這本書做菜?使用這本書的心得是?有哪些建議?

10.您平常最常看什麼類型的書?□檢索導覽式的旅遊工具書 □心情筆記式旅行書
　□食譜 □美食名店導覽 □美容時尚 □其他類型的生活資訊 □兩性關係及愛情
　□其他

11.您計畫中,未來會去旅行的城市依序是? 1.　　　　　　　　2.　　　　　
　3.　　　　　　　 4.　　　　　　　 5.　　　　　

12.您平常隔多久會去逛書店? □每星期 □每個月 □不定期隨興去

13.您固定會去哪類型的地方買書? □連鎖書店 □傳統書店 □便利超商
　□其他

14.哪些類別、哪些形式、哪些主題的書是您一直有需要,但是一直都找不到的?

填表日期: 　　　年　　　月　　　日

廣　告　回　信
台灣北區郵政管理局登記證
北 台 字 第 1 2 8 9 6 號
免　貼　郵　票

太雅生活館　編輯部收

106台北郵政53～1291號信箱
電話：(02)2773-0137

傳真：**02-2751-3589**
(若用傳真回覆，請先放大影印再傳真，謝謝！)

太雅生活館

有 行 動 力 的 旅 行 ， 從 太 雅 生 活 館 開 始